AF400132
Bücher von A bis Z

Der Omegapunkt
Urknall
Big Bang
Denken
Liebe
Pflanzen
Insekten
Materie
Menschen
Zellen
Tiere
Zeit
Gefühle
Bewusstsein
Folge SÜLTZ BÜCHER auf
GOOGLE
Sültz Bücher
Sültz Bücher
Uwe H. Sültz - das A und O... das Alpha und das Omega... Anfang und Ende von Allem... Alles... Gott

Die kurze Zeit der Menschen auf dem Weg zum Omegapunkt
Folge SÜLTZ BÜCHER auf
GOOGLE
Sültz Bücher
Sültz Bücher
geboren — gelebt — gestorben
gelernt
gedacht
geliebt
Kinder geboren — geboren — gelebt — gestorben
geboren — gelebt — gestorben
geboren — gelebt — gestorben

Bibliografische Information durch die Deutsche Nationalbibliothek
Die Deutsche Nationalbibliothek verzeichnet diese Publikation in der
Deutschen Nationalbibliografie; detaillierte bibliografische Daten
sind im Internet über http://dnb.dnb.de abrufbar.

© Renate & Uwe H. Sültz
Herstellung und Verlag
BoD – Books on Demand, Norderstedt
ISBN 9-78375-6-20205-8

pixabay AKTIVES MITGLIED
© BY SÜLTZ
Sültz Bücher
AKTIVES MITGLIED
UND FÖRDERER
Sültz Books

<u>Leitfaden durch das Büchlein:</u>

<u>Kapitel 1</u> - Seite 05:
Wie kann man sich den Omegapunkt vorstellen?
In 2 Kurzgeschichten wird der Omegapunkt bildlich
beschrieben.

<u>Kapitel 2</u> - Seite 22:
Wie ist die allgemeine Theorie? Hier die orig. Kurz-
fassungen von Teilhard de Chardin und
von Frank J. Tipler.

<u>Kapitel 3</u> - Seite 27:
Was ist Liebe? Was ist Denken? Was ist das
Bewusstsein? Was ist der Tod? Wichtige Erklärungen
und Definitionen.

<u>Kapitel 4</u> - Seite 43:
Wo geht es hin? Antworten von Freunden.

<u>Kapitel 5</u> - Seite 52:
Was ist wichtig in meinem Leben? Liste zum Ausfüllen
und Erkenntnisse sammeln. Résumé dieses Büchleins.

Seite 59: Danksagungen

<u>Kapitel 1:</u>

Wie sich der Omegapunkt aus Sicht der Science-Fiction-Autoren darstellen lässt:

AUFBRUCH OHNE WIEDERKEHR

Irgendwann im Weltraum auf dem Raumschiff SUPRA 5:

„Mein neuer Aufgabenbereich ist auf dem Raumschiff SUPRA 5. Ich bin froh und stolz, diesen Job erhalten zu haben. In etwa 2 Monaten bin ich wieder bei Euch. Voice Recorder Ende." ... Ich kann meine Familie im Augenblick

eher weniger sehen, schicke ihnen aber regelmäßig Nachrichten. Mein Name ist Tessa McCormick, eigentlich Dr. Tessa McCormick, Psychologin und Empathin. Die Welt heute ist eine andere als gestern. In den Geschichtsaufzeichnungen steht etwas von Volkskrankheiten wie die Pest oder der Corona-Virus. Selbst Adipositas und Diabetes wurden damals als Volkskrankheiten eingestuft. Die Liste ist sehr lang. Haben die Menschen damals nichts verstanden? Kriege, Vergewaltigungen, Hungersnöte… mein Gott, wie furchtbar. Und dann schrammte die Menschheit an einem schweren Atomkrieg vorbei. Da gab es diesen Putin, der die Weltordnung im Jahr 2022 ganz schön durcheinander wirbelte. Und dann der Weltkrieg mit den Robotern. Heute sieht es ganz anders aus. Die Zeiten von Enterprise und Co. sind ewig vorbei. Aber es hat sie wirklich nach Fantastereien von Gene Roddenberry im Fernsehen gegeben. Und die Enterprise war lange im ‘Smithsonian Air and Space Museum´ ausgestellt. Irgendwo wird sie heute noch zu sehen sein.

Heute sind alle Volkskrankheiten ausgerottet. Expeditionen in den Weltraum sind abgeschlossen. In der Fernsehserie ist das Raumschiff Enterprise mit Captain Kirk 5 Jahre unterwegs gewesen. Die echte Enterprise ist heute noch an der Außenstation der Wega stationiert, ihr Captain heißt Romana Pförtner. Nun, wirklich alles hat sich geändert. Nur Kinder zu gebären

ist so wie vor tausenden von Jahren. Dann kommt die Ausbildung, dann die Erfahrung. Früher kam dann der Tod. Noch schlimmer war die Demenz, wie furchtbar. Heute sind unsere Gehirne so in Action, dass Alzheimer und Demenz gar keine Zeit haben. Je mehr erlernt wird, je mehr Erfahrungen gesammelt werden, desto fitter bleibt man. Im Schnitt werden wir heute etwa 150 Jahre alt. Und dann? Kommt dann der Tod? Nein, noch lange nicht! Auf den vielen bewohnten Planeten werden dringend Fachleute benötigt. Die Robotertechnologie ist ausgereift. Lediglich die Künstliche Intelligenz hat sich nicht bewährt. Immerhin hat es vor damals einen Weltkrieg gegeben. Nur knapp gewannen wir Menschen. Aber auch nur deshalb, weil Menschen Intuition und Weitsichtigkeit hatten. Die Roboterhüllen dienen heute als Herberge für unsere Gehirnschwingungen und für unsere Gehirnaktivitäten, also für unser ICH.

Damals war mein Urgroßvater einer der ersten Probanden, die die Transformation in eine Maschine wagten. Er erkannte mich sofort als seine Urenkelin. Jegliche Erfahrung war gespeichert. Heute ist er 243 Jahre alt und fit wie ein Turnschuh, dank des mechanisch-elektrischen Körpers. Nur, wenn ich ganz ehrlich bin, es fehlt etwas. Ich definiere es als Gefühl, als Liebe, die zwischen uns fehlt. Mein Résumé ist, dass das ganze Wissen im Gehirn transformiert werden kann, aber nicht die Seele, die Gefühle, die wahre Liebe.

Und dies ist nach so vielen Jahren immer noch nicht erforscht. Ich hoffe, die Seele ist im Weltraum, irgendwo bei allen guten Seelen, als Schwingung vielleicht. Ich würde Uropa Nick gern noch einmal sprechen, mit ihm sprechen, ihn in den Arm nehmen, ihn spüren. Wie gesagt, er ist ja da, aber doch nicht so ganz. Nur seinetwegen bin ich heute das, was ich bin, hach, danke Opa.

„ALARMSTUFE ROT!", ertönt es im gesamten Raumschiff. Alle Besatzungsmitglieder begeben sich auf ihre Plätze. Auch Tessa McCormick sitzt auf ihrem Platz und beobachtet das Team auf der Brücke, dies ist ihre Aufgabe. Gleichzeitig sieht sie auf den riesigen Monitor. Was sie und das Team auf der Brücke sehen, können sie kaum glauben. Das Raumschiff wird trotz Gegenbewegung in eine andere Richtung gezogen. Der Gegenschub wird nun verstärkt. Vom Atom bis zu kleineren Planeten bewegt sich alles in eine Richtung. Das Team arbeitet an einer höheren Schubleistung, um aus diesem Sog herauszukommen. Plötzlich empfängt Tessa McCormick eigenartige Gefühle. Mit Schreien, Hilferufen und Ängsten begann es. Auf dem Monitor sehen alle, wie jegliche Materie das Raumschiff überholt. Der Gegenschub steht auf Volllast. Nichts hilft. Mit versteinerten Blicken sehen alle auf den Monitor. Materie zerlegt sich in Einzelteile, in Atome und letztlich in Schwingungen. Tessa McCormick beginnt zu weinen, sie fühlt ihren Großvater, der in Gedanken zu ihr sprach: „Ich bin Dein Opa. Ja, Du hast völlig richtig gelegen. Meine Seele und meine Liebe zu Dir konnte nicht in die Maschine übertragen werden. Meine Seele erkundete den ganzen Weltraum. Ich sah Sonnen entstehen und sterben. Ich traf unsere Vorfahren und Seelen anderer Welten. Nun bin ich ganz nah bei Dir. Den Weg gehen wir nun gemeinsam. Habe keine Angst. Es geht nun zum großen Ganzen, zum Omegapunkt. Wir können uns nicht dagegen wehren, denn die Zeit dieses Universums ist nun abgelaufen. Jede Schwingung, jedes Atom, jede Sonne, jede Galaxie, jedes String und jede Seele kehren in diesem Punkt zusammen und vereinigen sich mit dem Schöpfer. Das ist das große Ganze. Ein neuer Urknall kann kommen. Ich liebe Dich.“

REISE DURCH ZEIT UND RAUM

2020/21/22 wütete auf der Erde das Coronavirus, ab Anfang 2022 ein Krieg. Viele Menschen verloren ihr Leben. Mit Begleiterscheinungen hatten ebenfalls viele Menschen zu kämpfen. Einige bis zum Lebensende, aber sie lebten wenigstens. Zu 100 % fanden Wissenschaftler nie heraus, wie es zu dem Virusausbruch kam. Wahrscheinlich war es Habgier, wie bei vielen Menschen üblich. Wenige werden für das Sterben von vielen Menschen verantwortlich sein. Im Jahr 2024 haben Wissenschaftler und Politiker es geschafft, dass der ganze Spuk beendet war. Die Verluste waren bislang und sind immer noch immens. Inflation, Massenarbeitslosigkeit und Obdachlosigkeit waren enorm. Auch der Krieg, ausgehend von Russland, forderte seinen Preis.

März 2030: In der chinesischen Stadt Wuhan wurden bei Abrissarbeiten 20 Ampullen einer unbekannten Flüssigkeit entdeckt. Statt zur Polizei zu gehen, versteigerte Arbeiter Lee die Ampullen als Souvenirs der Corona-Zeit im Internet. Bauarbeiter Lee verstand schon, was auf den Ampullen zu lesen war: 2019新型冠狀病毒, es war das Coronavirus. Nur, es war immer noch aktiv. Welche Wirtsflüssigkeit verwendet wurde, war unklar. Außerdem war es am Fundort 2 Grad kalt und dunkel. Lee dachte, dass das Virus längst gestorben war und die

Ampullen nur ein Andenken an schlimme Zeiten waren. Die Versteigerungsplattform bemerkte dieses Angebot von Lee und stoppte die Versteigerung. Zu spät, 3 Ampullen verkaufte Lee in Peking. Es kam, wie es kommen musste. Nach 10 Tagen gab es in Peking über 4000 Tote… nach 2 Monaten waren es 1,2 Millionen Chinesen. Wieder öffnete China zu spät die Informationspolitik. Wieder verbreitete sich das Virus weltweit. Nachdem die Ampullen geöffnet wurden, kamen die Viren mit Luft in Berührung, wachten auf und verbreiteten sich rasend schnell. Wissenschaftler aller Staaten bemerkten schnell, es war nicht das ursprüngliche Coronavirus, es war auch nicht ein eigenständig mutierte Form, sondern von Menschen getunte Art, regelrechte Killerviren. Diese Viren griffen sofort die Leber und die Nieren an. Keine 4 Stunden nach Kontaminierung starben infizierte Menschen. Der Countdown begann, um zu sagen, wann die Menschheit völlig ausgerottet sein würde.

Diese Tragödie wurde beobachtet. Seit dem 8. Juli 1947 gibt es ein zweites Raumschiff, welches hinter dem Mars stationiert ist und ein Auge auf die Menschheit wirft. Das erste Raumschiff ist auf der Erde als Rosswell-Zwischenfall bekannt geworden. Die Wesen wunderten sich schon immer über die Menschen. Habgier, Eifersucht, Diebstahl, Lügen und Morde waren an der Tagesordnung. Nach der Corona-Attacke, ab 2019, hätte man doch denken können, alle Menschen haben es verstanden. Nichts haben die meisten Menschen verstanden... einfach nichts.

Nach irdischer Zeit, 10. Oktober 2030, begannen die Außerirdischen, unbemerkt auf die Erde zuzufliegen. Man hätte sie entdecken können, aber jeden Tag starben weltweit hunderttausende Menschen, keiner interessierte sich noch für den Weltraum. Angesagt war: „Rette deinen Arsch!"

Die Außerirdischen entwickelten im Laufe der Zeit Prioritätenlisten, es sollten nur die Menschen berücksichtigt werden, die reinen Herzens sind. Von den etwa 7.900.000.000 Menschen auf der Erde, lebte noch etwa 1/3. Genau 200.000 Menschen wurden auserwählt. War es eine schwierige Entscheidung der Außerirdischen? Nicht ganz, die Außerirdischen entwickelten den Kälteschlaf und Traumwellen, auf Basis ihrer Krysilium-Schwingungen drangen Informationen in schlafende Menschen ein. „Wenn du leben willst und glaubst, an Gott, an deine Zukunft und an das Gute, dann komme um Mitternacht zu diesem Ort... ... ..., um gerettet zu werden." Außerdem konnte im Traum die Antwort gegeben werden, ob man sich für eine Rückkehr, nach einer Reinigung, auf die Erde interessieren würde. Die Auserwählten wären dann die Ersten ihrer Art. Oder aber möchte man aufbrechen zu

neuen Welten und sich eine neue Heimat suchen. Dazu würden die Außerirdischen den Geretteten ein Raumschiff zur Verfügung stellen.

Diese Rettungs-Aktion dauerte 24 Stunden. Rund um den Globus wurden jeweils um Mitternacht 200.000 Menschen abgeholt. Nach dem Transfertransport kamen alle Menschen sofort in Kühlbetten. Nun waren sie zunächst einmal in Sicherheit. Ebenfalls wurden viele Tiere an Bord geholt. Auf der Erde nahm das Sterben seinen Lauf. Mit aller Macht versuchten Wissenschaftler, ein Mittel zu finden, das Virus zu stoppen. Das Chaos wurde schlimmer und schlimmer. Wissenschaftler, Politiker und weitere einflussreiche Menschen wurden entführt und sogar umgebracht. So schwächte sich die Menschheit selbst, indem sie kluge Köpfe ausschaltete. Am 24. Oktober verließ das Raumschiff das Sonnensystem. Alle Bemühungen im Laufe der Jahrzehnte waren vergebens, die Menschheit zu retten. Materielle Werte waren wichtiger, die Liebe blieb auf der Strecke.

Die Außerirdischen öffneten ein Wurmloch, sie falteten also den Raum, und waren nicht nur an einem fernen Ort im Weltall, sondern in einer anderen Dimension, in einer anderen Realität, in einem weiteren Universum. Diese Universen sind in einem Raum, nach U.H.Sültz, OMNIUM genannt.

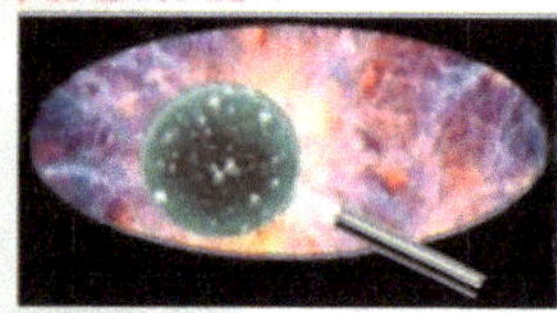

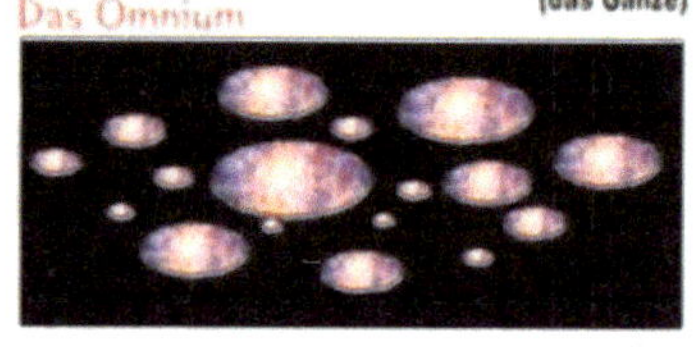

Die geretteten Menschen, die sich für die Suche nach einer neuen Heimat entschieden hatten, wurden in Kältekammern, es waren eher bequeme Kältebetten, auf einem bereitgestellten Raumschiff transportiert. Die auserwählten Menschen konnten sich vorab nicht absprechen. So kam es vor, wie im Beispiel der beiden Schwestern Judith und Francis aus New York, dass Judith Miller, Astronautin bei der NASA, sich für die Suche nach einer neuen Heimat entschieden hatte. Francis McNeal war Botanikerin und wollte zurück auf die Erde.

Das sozusagen gesponserte Raumschiff war technisch auf der Höhe der Außerirdischen. Im inneren wurde es den Menschen so heimatlich wie möglich eingerichtet. Würde der Computer eine adäquate lebensfähige Welt entdecken und die im Kälteschlaf befindlichen

Menschen aufwecken, gäbe es Tee, Reis, Kartoffeln und eben damals heimische Nahrungsmittel, vegetarisch natürlich. Judith Miller hatte die größte Erfahrung mit dem Universum und wurde Captain des Raumschiffs, das die Außerirdischen STAR DREAM nannten. Übrigens waren die Außerirdischen der Sprachen auf der Erde mächtig. Schließlich standen sie mit den Menschen seit dem Roswell-Ereignis in Kontakt.

Die außerirdische Spezies nannte sich Geolen. Ihr Planet Kreptun ist in einem Sonnensystem mit vier bewohnbaren Planeten in einem Paralleluniversum im Omnium zu finden. Ihre Wissenschaftler berechneten einen Kurs für die Menschen in ihrer Milchstraße, um einen lebensfreundlichen Planeten zu finden. Nun war das Raumschiff STAR DREAM einsatzbereit und wurde auf Kurs gebracht. Natürlich würden die Schwestern nach ihrem Erwachen darüber aufgeklärt, dass sie sich nie wieder sehen würden.

… … …

Die Zeit verging auf der Erde… nach irdischen Maßstäben könnten es 250.000 Jahre gewesen sein. Auf jeden Fall fanden zwei Eiszeiten statt. Diese beiden Eiszeiten waren auch nötig, damit die Erde sich regenerieren konnte. Auch die Kontinente haben sich verschoben. Der Regenwald entwickelte sich prächtig.

Auch Leben gab es wieder... einfaches und positives Leben.

Was geschah in der Zwischenzeit bei den Außerirdischen? Zeitreisen wurde bei ihnen auch nicht erfunden. Sie hielten sich an die Kosmischen-Gesetze. Den Raum zu krümmen und der Kälteschlaf blieb ihr Spezialgebiet. Aber auch die Außerirdischen lebten nicht ewig. Einige Generationen lang passten sie auf die Menschen im Kälteschlaf auf. Warum sie das damals taten? Diese Hilfe war völlig uneigennützig, sie verstanden und verstehen das Leben, die Liebe und Gott. Ganz gleich wie wir Gott nennen, Schöpfer, usw., es ist das Ganze, es ist ALLES. Und den Außerirdischen war lange schon bekannt, dass alles einmal zurück zu einem Endpunkt kommt. Bereits auf der Erde in der Bibel stand geschrieben, dass dieser Endpunkt den Namen Omega trägt, nach der Bibelstelle „Ich bin das Alpha und das Omega, der Erste und der Letzte, der Anfang und das Ende." Hätte es für einige Menschen auch ein Verbleib bei den Außerirdischen geben können? NEIN! Die Außerirdischen wussten einfach nicht, wie sich die Menschen entwickeln würden... fallen sie vielleicht in alte Gewohnheiten zurück? Entwickelt sich wieder Neid, Missgunst, Eifersucht, usw., wieder?

(Anmerkung des Autors Sültz: Was wir uns alle schwer vorstellen können, sind Zeit und Raum. Wenn es ein

Omnium geben sollte, indem sich einige Universen befinden, wie groß wird dieses Gebilde dann sein? Wo sind da die Grenzen? Was hat das alles für einen Sinn? … Der Ausbruch der Corona-Krise wird auf Ende 2019 datiert. 1947 kam es zu dem Rosswell-Ereignis. Das sind alles übersehbare Zeiten. Aber liegen Eiszeiten auf der Erde zwischen zwei Daten, dann sprechen wir von 100.000 oder 250.000 Jahren.)

Die Außerirdischen brachten die Menschen im Jahr 252.025 zurück zur Erde. Konkret gesagt, 252.025 nach Christus. Auch ohne Eiszeiten kann das keine Menschheit schaffen. Es hätte viele Gründe…

Die Menschen wurden nun von ihren außerirdischen Freunden aufgeweckt. Sie wurden aufgeklärt und über alles informiert. Nach der Verabschiedung brachte man sie auf die Erde. Ein Handy, ein Computer, ein Fernseher oder ein Radio waren natürlich nutzlos. Die außerirdischen Freunde rüsteten die Menschen mit Werkzeugen aus, um eine neue Menschheit aufbauen zu können. Es wurden Gruppen gebildet, die sich dann sternenförmig über die Erde verteilten. Francis McNeal wurde die erste Präsidentin auf der ganzen Erde.

Und so bildeten sich wieder, je nach Kontinent im Laufe der Generationen Menschen aller Hautfarbe. Es hing davon ab, wie hoch die Sonneneinstrahlung war, wie Tag und Nacht eingeteilt waren, wie überhaupt das Klima auf

die Menschen wirkte. Genauso wie vor 250.000 Jahren gab es wieder alle Arten der Menschheit. Zu vermuten ist, dass viele weitere Generationen später, die Höhlenmalerei entdeckt wird und die Frage gestellt wird... haben Außerirdische die Erde besucht?

... ...

Währenddessen war das Raumschiff STAR DREAM nicht nur durch die Milchstraße gereist, sondern kam schon der nächsten Galaxie, dem Andromeda-Nebel, näher. Was war passiert? Wurde kein entsprechender Planet in der Milchstraße gefunden? Durch einen Kometeneinschlag wurde das Computersystem der STAR DREAM gestört. Nun wartete das System auf Befehle, aber die Crew schlief fest. Und so bemerkte niemand, dass es immer weiter ging und weiter, Lichtjahr für Lichtjahr. Die außerirdischen Freunde konnten nicht mehr helfen. Viele Generationen sind auch dort nicht mehr am Leben.

Eine weitere lange Zeit verging im Raumschiff. Immer wieder wurde neue Energie erzeugt, um die Kältekammern aufrechtzuerhalten. Eingesammelte Atome wurden umgewandelt und so hätte das Raumschiff noch Milliarden Jahre reisen können.

Zu erwähnen ist, dass das Universum etwa 13,8 Milliarden alt war, als das Raumschiff seine Reise begann.

Plötzlich wurde die Crew durch einen Alarm aufgeweckt. „Captain Judith Miller an die Besatzung des Raumschiffs STAR DREAM. Das vollautomatische System wurde deaktiviert. Eine Analyse ergab, dass wir bereits in unserem Sonnensystem Probleme hatten. Ein Asteroid-Einschlag legte auf Steuerbord einige Sensoren lahm. Irgendwann später, ich weiß wirklich nicht wann, die Dimensionen von Zeit und Raum sind einfach nicht vorstellbar und nachvollziehbar. Auf jeden Fall sind wir mit einem Mond zusammengestoßen. Das Erstaunliche war, der Mond hat uns überholt, von hinten auf der Steuerbord-Seite. Es war von unseren außerirdischen Freunden nicht gedacht, dass wir Einzelquartiere benötigen, da wir schließlich auf der Suche eines geeigneten Planeten waren. Bitte bleibt alle in den Kälteräumen. Die Temperatur wird auf 20 Grad steigen. Ich melde mich wieder.“

Auf der Brücke nahmen alle Mitglieder der irdischen NASA ihre Plätze ein. Der Außenmonitor wurde eingeschaltet. Mit versteinerten Blicken sah die Crew, wie jegliche Materie auf einen Mittelpunkt hin angezogen wurde. Bevor das Raumschiff die Automatik abschaltete, wurde der Bremsantrieb, sozusagen der

Rückwärtsgang, eingelegt. Und prompt wurde das Raumschiff wieder von hinten getroffen.

„Umstellung auf Treiben lassen! Jeglichen Antrieb deaktivieren!", rief Judith Miller. Je weiter sie nun mit der gesamten Materie zu einem nicht bekannten Mittelpunkt gezogen wurden, umso schneller bewegte sich das Raumschiff. „Unglaublich, Captain, Schwarze Löcher werden angezogen, seht Euch das im Backbord-Monitor an." Und tatsächlich, nichts war vor dieser Anziehung sicher. Ganze Galaxien wurden angezogen. Vom kleinsten String, Elektron bis zum größten Schwarzen Loch kam alles in den Sog.

„Wir sind machtlos. Ich informiere die ganze Besatzung. Wo auch immer der Weg hingeht, alles geht diesen Weg", sagte Judith Miller. Die Vertreter aller Kirchen und Glaubensrichtungen ließen lange Reihen bilden. Alle standen Hand in Hand und beteten. Die Crew auf der Brücke tat das Gleiche. Sie traten mit jeglicher Materie in diesen Mittelpunkt ein. Eine Größe konnte nicht bestimmt werden… es könnte ein Stecknadelkopf sein… Es wurde hell, eher grell… jede Materie wurde in Schwingungen umgewandelt. Aber alle existierten noch, obwohl sie körperlos wurden. Sie erkannten sich auch alle, nur als Schwingung. „Hallo Schwester, ich bin einmal Francis gewesen. Ich freue mich, dass wir nun wieder zusammen sind."

Es war der Omegapunkt, den nun alle erlebten. Jegliche Materie, Schwingungen, Gefühle, usw., trafen sich in diesem Punkt.

Kapitel 2

Der Omegapunkt ist End- und Zielpunkt in der theologischen, bzw. philosophischen Betrachtung, der Evolution bei Pierre Teilhard de Chardin und Frank Tipler. Dieser Endpunkt trägt den Namen Omega nach der Bibelstelle „Ich bin das Alpha und das Omega, der Erste und der Letzte, der Anfang und das Ende." (Offenbarung 22,13 EU).

Der Omegapunkt bei Teilhard de Chardin

Teilhard de Chardin sieht Leben und Kosmos in einer von Gott bewirkten kreativen Bewegung, die noch nicht an ihr Ziel gelangt ist. Kennzeichen dieser Bewegung ist die ständige Zunahme von Organisiertheit und organischer Einheit. Das Streben in diese Richtung, also der Motor der Evolution, ist für Teilhard die Liebe. Diese Liebe, die das letzte Ziel, „die organische Einheit alles Seienden, bereits handelnd und leidend vorwegnimmt", war für Teilhard im Herzen eines Menschen vollkommen verwirklicht: in Jesus Christus. So nennt er Christus mit einem biblischen Hoheitstitel (Off. 21,6 EU) das Omega oder den Punkt Omega, das heißt Ziel, Richtung und Motor der Evolution.

Die Omegapunkt-Theorie von Frank J. Tipler

Frank J. Tipler beschreibt ein kosmologisches Szenario der fernsten Zukunft des Universums.

Nach dieser Ansicht ist das Universum, bzw. seine intelligenten Zivilisationen, bevor es zum Big Crunch in der End-Singularität kommt, fähig, seine Informationsverarbeitungskapazität exponential zum Zeitablauf zu steigern. Ein Simulationslauf auf diesem

Universum-Computer kann alle denkbaren Wirklichkeiten und damit alle gewesenen Entitäten – auch alle Menschen, die jemals gelebt haben – perfekt simulieren und somit in einer virtuellen Welt auferstehen lassen. Da eine perfekte Kopie prinzipiell nicht vom Original zu unterscheiden ist und es nicht auf das Substrat des Lebens (z. B. Kohlenstoff), sondern auf das Muster des Lebens ankomme, sei eine solch perfekte Simulation bzw. Emulation mit der Wirklichkeit identisch.

Der Mensch als biologische Gattung wird zwar langfristig aussterben, aber dessen Kultur und deren gesamter Informationsgehalt wird in nanotechnologischen „Von-Neumann-Sonden" (sich selbst reproduzierenden Maschinen) das Universum besiedeln. Die Möglichkeiten künftiger Informationsverarbeitung dieser unserer „kosmischen Kinder" werden derart gewaltig sein, dass alle nur denkbaren, in sich widerspruchsfreien Universen perfekt simuliert werden können (s. a. Emulator, d. h. Nachbildung mittels Computertechnik). Dies bedeutet, dass dann auch jeder (dann perfektionierte) Mensch in einem virtuellen Universum „aufersteht". In Tiplers Eschatologie ist die Geschwindigkeit und Menge der Information im Big Crunch unendlich groß, weshalb dort auch individuelle, unendliche Ewigkeit — das Paradies — eintritt. „Billiger Altruismus" (behandle jeden so, wie auch du von ihm behandelt werden willst) der dann

lebenden intelligenten Wesen wird die Antriebskraft für diesen Simulationslauf sein. Alles intelligente Leben, geliebte Leben (Menschen, aber auch Haustiere) wird zum ewigen Leben erweckt, weil Gott uns liebt. Begründung für die Auferstehung ist also im Grunde die Agape (selbstlose Liebe) Gottes. Der Mensch bestehe dann aus dem „Stoff", aus dem jetzt der menschliche Geist besteht (siehe dazu auch Aristoteles: Form in einer Form).

Da die Schnelligkeit der Informationsübertragung kurz vor dem Endknall gegen unendlich steigt, herrscht dort in subjektiver Zeit Ewigkeit, obwohl das Universum – von außen betrachtet – nur eine begrenzte Zeit dauert. Tipler setzt diesen Zustand der endlosen Informationskapazität mit Gott gleich. Nur im Vergleich der Implikationen seiner Omegapunkttheorie mit den Eschatologien der Weltreligionen verlässt Tipler seine rein physikalische Argumentationslinie und verweist auf den viel diskutierten Bibelvers Ex 3,14 EU: Dort erhält Moses auf seine Frage an JHWH „Wer bist du?" die Antwort: Ich bin, der ich bin oder Ich werde sein, der ich sein werde. Die futurische Übersetzung wird heute von jüdischen wie christlichen Theologen oft bevorzugt. Laut Tipler bedeutet der Vers, Gott sei der, „der vor allem am Ende der Zeit existiert". Den Heiligen Geist interpretiert er quantenmechanisch als universelle Wellenfunktion. Tipler räumt ein, dass sein Modell nur funktioniert, wenn die im aktuellen Universum vorhandene Informationsmenge zwar unvorstellbar groß, letztlich aber doch begrenzt ist.

In der Fachwelt wird Tiplers Omegapunkt-Theorie wegen seiner vielen extrem spekulativen Voraussetzungen und des teleologischen sowie religiösen Charakters im Allgemeinen als wissenschaftlich nicht haltbar abgelehnt. Das Thema wird u. a. in „Die Physik der Welterkenntnis" von David Deutsch erläutert. Der Science-Fiction-Autor Isaac Asimov beschrieb in seiner klassischen Kurzgeschichte `Wenn die Sterne verlöschen' (The Last Question) bereits 1956 ein sehr ähnliches Szenario wie Tiplers Omegapunkt-Theorie.

<u>Kapitel 3:</u>

Wichtige Erklärungen/Definitionen:

Zum Omegapunkt kommt alles wieder zurück. Einige Dinge sind leicht zu verstehen, die zurückkommen. So ist es einfach vorstellbar, dass Sonnen, Planeten, Atome und sogar die kleinsten Teilchen im Universum (nach dem heutigen Wissensstand sind die Quarks – aus denen zum Beispiel ein Proton besteht – und die Leptonen – wie zum Beispiel das Elektron – die kleinsten und somit nicht weiter teilbaren Bausteine unserer Welt. Zwölf solcher Elementarteilchen gibt es in dem Standardmodell der Teilchenphysik) zum Omegapunkt hingezogen werden. Da aber jegliche Schwingung ebenfalls eingesammelt wird, sodass wirklich NICHTS übrigbleibt (obwohl wir ja schon einmal festgestellt haben, dass das NICHTS im Universum auch etwas ist), müssen auch diese Worte geklärt werden: Liebe, Gefühl, Denken und Bewusstsein. Der Zusammenbruch des Universums könnte in 1 Trillion Jahre stattfinden.

<u>Über die Liebe</u> - Liebe ist eine Bezeichnung für stärkste Zuneigung und Wertschätzung.

Nach engerem und verbreitetem Verständnis ist Liebe ein starkes Gefühl, mit der Haltung inniger und tiefer

Verbundenheit zu einer Person (Personengruppe, Gott, Religion...), die den Zweck oder den Nutzen einer zwischenmenschlichen Beziehung übersteigt und sich in der Regel durch eine entgegenkommende tätige Zuwendung zum anderen ausdrückt. Liebe kann unabhängig davon empfunden werden, ob sie erwidert wird oder nicht.

Der Duden definiert die Liebe so: "starkes Gefühl des Hingezogenseins; starke, im Gefühl begründete Zuneigung zu einem [nahestehenden] Menschen." Liebe muss also nicht immer körperlicher Natur sein, sie kann auch auf geistiger Zuneigung beruhen.

<u>Über Gefühl</u> - Gefühl ist ein psychologischer Oberbegriff für unterschiedlichste psychische Erfahrungen und Reaktionen wie etwa Angst, Ärger, Komik, Ironie sowie Mitleid, Eifersucht, Furcht, Freude und Liebe, die sich (potenziell) beschreiben und damit auch versprachlichen lassen. Obwohl es vielseitige neurophysiologische Ansätze der Messung von Gefühlen gibt, sind diese nicht als einheitlich und überindividuell gültig anerkannt. Dies wiederum legt die Deutung von Gefühlen als individuelle oder subjektive Bewusstseinsqualitäten oder Ichzustände nahe. Gefühle sind das Produkt der Verarbeitung von Reizen, die ihren Ursprung in unseren

Sinnesorganen nehmen. Sie vermitteln damit ein Bild von der uns umgebenden Welt, aber auch von Vorgängen unseres eigenen Körpers. Gefühle sind nicht nur Ausdruck äußerer Tatsachen, sondern auch unserer eigenen Beurteilung.

<u>Über Denken</u> - Im gebräuchlichsten Sinne bezeichnet der Begriff Denken bewusste kognitive Prozesse, die unabhängig von sinnlichen Reizen stattfinden können. Die charakteristischsten Formen sind Urteilen, Schlussfolgern, Begriffsbildung, Problemlösen und praktisches Überlegen. Aber auch andere mentale Prozesse, wie eine Idee zu erwägen, Erinnerung oder Imagination, werden oft mit einbezogen. Diese Prozesse können innerlich unabhängig von den Sinnesorganen ablaufen, im Gegensatz zur Wahrnehmung. Im weitesten Sinne kann jedoch jedes mentale Ereignis als eine Form des Denkens verstanden werden, einschließlich der Wahrnehmung und unbewusster mentaler Prozesse. In einem etwas anderen Sinne bezieht sich der Begriff Denken nicht auf die mentalen Prozesse selbst, sondern auf mentale Zustände oder Ideensysteme, die durch diese Prozesse hervorgerufen werden.

Der Begriff „Denken" bezieht sich auf eine Vielzahl von psychologischen Aktivitäten. In seinem gebräuchlichsten

Sinne wird er als bewusster Prozess verstanden, der unabhängig von sinnlichen Reizen ablaufen kann. Dazu gehören verschiedene mentale Prozesse, wie eine Idee oder Proposition zu erwägen oder die Beurteilung, ob sie wahr ist. In diesem Sinne sind Erinnerung und Imagination Formen des Denkens, die Wahrnehmung aber nicht. In einem engeren Sinne werden nur die charakteristischen Fälle als Denken bezeichnet. Dabei handelt es sich um bewusste Prozesse, die begrifflich oder sprachlich und hinreichend abstrakt sind, wie Urteilen, Schlussfolgern, Problemlösen und Überlegen. Manchmal werden die Begriffe „Gedanke" und „Denken" in einem sehr weiten Sinne verstanden und beziehen sich auf jede Form von mentalem Prozess, bewusst oder unbewusst. In diesem Sinne können sie synonym mit dem Begriff „Geist" verwendet werden. Diese Verwendung findet sich beispielsweise in der kartesischen Tradition, wo der Geist als denkendes Ding verstanden wird, und in den Kognitionswissenschaften. Diese Bedeutung kann jedoch die Einschränkung beinhalten, dass derartige Prozesse zu intelligentem Verhalten führen müssen, um als Denken zu gelten. Ein Gegensatz, der in der akademischen Literatur manchmal zu finden ist, ist der zwischen Denken und Fühlen. In diesem Zusammenhang wird das Denken mit einer nüchternen, sachlichen und rationalen Herangehensweise an sein Thema in Verbindung gebracht, während das Fühlen eine direkte emotionale Beteiligung beinhaltet.

<u>Über Bewusstsein</u> - Bewusstsein ist im weitesten Sinne das Erleben mentaler Zustände und Prozesse. Eine allgemein gültige Definition des Begriffes ist aufgrund seines unterschiedlichen Gebrauchs mit verschiedenen Bedeutungen schwer möglich. Die naturwissenschaftliche Forschung beschäftigt sich mit definierbaren Eigenschaften bewussten Erlebens.

Zum Bewusstsein gehört auch die Wahrnehmung der natürlichen Umwelt. Die Wahrnehmung umfasst beim Menschen Sehen, Hören, Riechen, Schmecken und Tasten. Die komplexen Vorgänge des Bewusstseins dienen dem Menschen zur Verarbeitung dieser Wahrnehmungen unter Entwicklung von Handlungsstrategien zu seinem Vorteil.

Die Grundlagen für das Bewusstsein werden kurz nach der Befruchtung gelegt. Am 19. Tag bildet sich die Neuralplatte, aus der sich Rückenmark und Gehirn entwickeln werden. Aber während Organe wie Herz, Nieren, Leber nach drei Monaten fertig sind, gehen die Arbeiten am Gehirn auch noch nach der Geburt weiter.

Der Begriff „Bewusstsein" hat im Sprachgebrauch sehr unterschiedliche Bedeutungen, die sich teilweise mit den Bedeutungen von Psyche, Seele und Geist deckt.

<u>Über den Übergang</u> - Der Tod faszinierte die Menschen schon immer. Jeden von uns erwartet er irgendwann, doch keiner weiß, was genau danach passiert. Wir wissen, was während des Sterbeprozesses passiert.

Wir bekommen es tagtäglich mit - Menschen sterben. Aber was passiert eigentlich, wenn man stirbt? Wie läuft der Sterbeprozess ab? Für einen selbst ist diese Frage vielleicht interessant, denn am Ende trifft es alle Menschen gleich. Aber auch Angehörige können sich die Zeit nehmen, sich einmal mit dem Tod auseinanderzusetzen und dem, was bei einem Sterbenden gerade passiert - vielleicht auch im Hinblick auf Schmerz und Trauer.

Welche Anzeichen und Symptome der Tod haben kann, verraten wir hier. Denn das Leben endet unweigerlich - und in diese Phase treten wir alle irgendwann ein.

<u>Sterbeprozesse:</u> Der Tod ist kein Moment, sondern ein Prozess.

Der Tod als Begriff wird in unserer heutigen Gesellschaft immer "schwammiger". Durch verbesserte medizinische Möglichkeiten wird der Tod immer weiter hinausgezögert. Selbst Menschen, die schon klinisch tot waren, können wieder zurückgeholt werden. Es stellt sich immer häufiger die Frage: Ab wann ist ein Mensch wirklich tot?

Kein Scherz, tatsächlich finden regelmäßig internationale Symposien zur Definition des Todes statt. Das Sterben ist ein Prozess und das Eintreten des Todes lässt sich selten exakt einem Zeitpunkt zuordnen. Wie stirbt ein Sterbender also? Welche Anzeichen sind wichtig und wie lange dauern die Phasen, in denen ein Mensch noch zu retten ist?

Herzrhythmusstörungen: Symptome, Ursachen und Behandlung

Sterbephasen: Elisabeth Kübler-Ross beschreibt 5 Phasen des Sterbens

Von der psychologischen Seite her hat sich die Psychiaterin Elisabeth Kübler-Ross mit dieser Thematik auseinandergesetzt und hat so die sogenannten 5 Sterbephasen festgehalten, die ein schwerkranker Sterbender durchmacht. Sie sind für Sterbebegleiter, aber auch Angehörige wichtig, um richtig mit den Sterbenden umzugehen.

Die folgenden Sterbephasen hat Kübler-Ross für den Sterbeprozess dabei identifiziert:

<u>Erste Phase:</u> Nicht-Wahrhaben-Wollen - der betroffene Patient erfährt von seiner Krankheit, will aber die Realität noch nicht wahrhaben und hat die Hoffnung, dass die Anzeichen für den Sterbeprozess vielleicht nur ein Versehen sind.

<u>Zweite Phase:</u> Zorn - die Sterbenden sind sich dem Ende ihres Lebens bewusst, sind aber wütend und beleidigen möglicherweise auch gesunde Angehörige. Für diese ist es auch wichtig, auf sich selbst zu achten, dem sterbenden Patient aber nicht die kalte Schulter zu zeigen. Die Negativität ist lediglich ein Mittel, mit dem Sterbeprozess irgendwie zurechtzukommen und überdeckt Schmerz und Trauer.

<u>Dritte Phase:</u> Verhandeln - die dritte Sterbephase nach Elisabeth Kübler-Ross ist das Verhandeln um Zeit, um den Sterbeprozess zu stoppen. Angehörige sollten in dieser Phase keine Versprechungen machen, die sie nicht einhalten können, dürfen sich aber ruhig die Zeit nehmen und Dinge "erledigen", die machbar sind.

<u>Vierte Phase:</u> Depression - nun ist für die sterbenden Patienten eine neue Sterbephase eingetreten. Hier macht sich eine Niedergeschlagenheit breit, die Sterbende trauert um vergebene Chancen im Leben.

"Vielleicht hätte ich dies und das machen sollen; warum habe ich das nicht einfach mal unternommen; etc.", sind Sätze, die Patienten in dieser Phase hören lassen. Am besten zuhören und nicht zu viel trösten, Fragen für die Zukunft regeln und die Sterbende unterstützen.

<u>Fünfte Phase:</u> Akzeptanz - diese Phase des Sterbeprozesses beschreibt Kübler-Ross als das Akzeptieren des eigenen Schicksals. Ein Patient braucht in dieser Phase keine große Unterstützung mehr und ist mit sich im Reinen. Es folgt nun der Wunsch der Sterbenden, sterben zu dürfen. Für Angehörige ist diese Sterbephase schwierig, da der sterbende Patient keinen großen Drang mehr hat, andere bei sich zu empfangen.

<u>Sterbeprozesse:</u> Das passiert in deinem Körper, während du stirbst

Doch auch aus Sicht der Medizin ist Sterben ein Prozess, in dem der Körper verschiedene Phasen durchläuft. Wenn das Herz aufhört zu schlagen, kann es die anderen Organe nicht mehr mit sauerstoffreichem Blut versorgen. Die Organe sterben nacheinander.

Bereits 30 Sekunden nach einem Herzstillstand stellt das Gehirn wegen des Sauerstoffmangels in der Regel alle Funktionen ein. Spätestens zehn Minuten danach

kommt es für gewöhnlich zu irreversiblen Hirnschäden. Durch eine Herzdruckmassage lässt sich dieser Effekt hinauszögern, weswegen Wissen um Erste Hilfe auch so wichtig ist.

Die Großhirnrinde (hier sitzt das Bewusstsein, unsere Erinnerungen) braucht besonders viel Sauerstoff und Zucker durch das Blut. Sie erleidet als erstes Schaden, wenn das Herz das Gehirn nicht mehr versorgen kann. Bewusstseinsveränderungen, Halluzinationen oder sensorische Ausfälle und schließlich Bewusstlosigkeit sind die Folge.

Als letztes Areal ist bei sterbenden Menschen in fast allen Fällen das Zwischenhirn aktiv - es ist für lebenswichtige Funktionen wie Atmung, Herzschlag und die Reaktivierung anderer Hirnregionen zuständig.

Wie lassen sich Nahtoderfahrungen erklären?

Möchten Sie (weiterhin) daran glauben, dass das helle Licht, das Sie sehen, Sie in eine bessere Welt bringt? Dann überspringen Sie diesen Absatz - oder lesen die Geschichte zu dieser Nahtoderfahrung.

Nahtoderfahrungen lassen sich durch die Unterversorgung der Großhirnrinde erklären.

In den Scheitellappen, einem Teil der Großhirnrinde, sitzt unser Verständnis für die Integration sensorischer Informationen: Wo befinden wir uns gerade in einem Raum? Was ist in diesem Raum, wie bewegt es sich? Räumliche Aufmerksamkeit und Orientierung sitzen hier. Wenn die Scheitellappen nicht mehr richtig funktionieren, zum Beispiel weil sie unterversorgt werden (Stichwort Herzstillstand: es kommt kein sauerstoffreiches Blut mehr im Gehirn an), dann verlieren wir den Sinn für Körper und Raum. Es kann sich zum Beispiel ein Schwebe-Gefühl oder auch ein "Out-of-Body"-Eindruck einstellen - die oft berichteten außerkörperlichen Erfahrungen.

Auch der Temporallappen sitzt in der Großhirnrinde. Hier sitzt unser Gedächtnis, unser Sprachzentrum, der Hörsinn. Wenn er nicht mehr richtig funktioniert, dann können wir Halluzinationen bekommen: Erinnerungen sehen ("Mein Leben zog an mir vorbei"), Menschen ("Plötzlich war meine Oma da..."), Dinge hören.

Die Unterversorgung des Gehirns kann auch eine Enthemmung in der Signalübertragung bewirken. Das bedeutet, dass wir unsere Sinneseindrücke nicht mehr richtig verarbeiten können. Damit lässt sich das "Licht am Ende des Tunnels" erklären: Die unkontrollierten Signale der Sehzellen interpretiert das Gehirn als weißen Fleck, und da sich nach Ausfall der Augenbewegungen

die Zellen zum Zentrum des Gesichtsfeldes hin konzentrieren, sieht man einen weißen Kreis, der zur Mitte immer heller wird.

Das Licht am Ende des Tunnels, das Schweben, die Beobachtungen - alles lässt sich neurologisch erklären: Also gibt es kein Leben nach dem Tod? Das wissen wir nicht. Wir können nur erklären, was medizinisch beim Sterben passiert.

Es gibt Nahtoderfahrungen, die sich nicht medizinisch erklären lassen. Patienten, die das Aussehen von Ärzten beschreiben können, die sie versorgt haben, als sie schon lange keinen Herzschlag mehr hatten, zum Beispiel.

<u>Und wie fühlt sich Sterben an?</u>

Der Tod hat unzählige Gesichter. Er kann nur drei Millisekunden dauern - zum Beispiel bei einem Schlag auf den Kopf - oder auch Tage, zum Beispiel beim Verdursten. Wie sich der Tod anfühlt, kommt ganz auf die Art des Sterbens an. Überlebende berichten:

Verbluten: Nach dem Verlust von eineinhalb Litern Blut fühlt man sich durstig, ängstlich, schwach. Dann wird einem schwindelig, man wird kurzatmig, verwirrt. Nach mehr als zwei Litern verliert man das Bewusstsein.

Sturz: Aus 145 Metern Höhe mit einer Höchstgeschwindigkeit von 200 km/h tritt der Tod laut einer Hamburger Studie in Sekunden, selten Minuten nach dem Aufprall ein. Überlebende großer Fallhöhen berichten zudem von einem Gefühl, als würde die Zeit stehen bleiben.

Erfrieren: Überlebende Erfrierungsopfer berichten auch oft von einem Gefühl, als würde die Zeit stehen bleiben, außerdem von einem inneren Film: Die eigene Kindheit zum Beispiel läuft vor dem inneren Auge ab. Das Paradoxe am Erfrieren: Dem Betroffenen wird plötzlich heiß, und er reißt sich die Kleidung vom Leib. Das Phänomen wir auch paradoxes Entkleiden oder Kälteidiotie genannt. Endorphine sorgen für eine Art Rausch.

<u>Wann wird ein Mensch in Deutschland für tot erklärt?</u>

Früher galt ein Mensch als tot, wenn sein Herz und seine Atmung ausfielen. Doch durch die besseren medizinischen Möglichkeiten reicht das nicht mehr. Nur der Hirntod ist das einzig legale Kriterium für den Tod eines Menschen.

Zwei Ärzte müssen unabhängig voneinander die irreversibel erloschene Gesamtfunktion des Großhirns, des Kleinhirns und des Hirnstamms feststellen. In der Richtlinie der Regeln für die Feststellung des Todes der

Bundesärztekammer heißt es: "Mit der Feststellung des endgültigen, nicht behebbaren Ausfalls der Gesamtfunktion des Großhirns, des Kleinhirns und des Hirnstamms (irreversibler Hirnfunktionsausfall) ist naturwissenschaftlich-medizinisch der Tod des Menschen festgestellt."

Dies ist nur ein kleiner Auszug aus den Begriffserklärungen, wie sie allgemein bekannt und nachzulesen sind. Die Liste ist keinesfalls vollständig. Es soll aber auch nur zeigen, was diese Schwingungen sind, denn alles wird zum Omegapunkt kommen. Auch die Mathematik: In unserem Denken kann die Aufgabe leicht gelöst werden: 5 + 5 = 10. Wir können das Ergebnis in den Gedanken haben oder auch aussprechen. Wir können in unserer Vorstellungskraft auch 5 Planeten und weitere 5 Planeten vorstellen und sehen vor unserem dritten Auge 10 Planeten. Auch diese Schwingungen kommen zum Omegapunkt, nichts bleibt zurück. Und was die Mathematik angeht, das ganze Universum ist Mathematik. Da ist ein ganz großer Berechner am Werk. Mathematik, Universum und auch

der Berechner des Ganzen, kommen auch zum Omegapunkt.

Wie lassen sich nun Liebe, Gefühl, Denken und Bewusstsein in Schwingungen ausdrücken? Albert Einstein sagte, dass unser Denken im Gehirn messbar ist. Es fließen Ströme, somit ist es Energie. Auf dem Oszilloskop lässt sich diese Energie in Schwingungen darstellen. … Im Jahr 1906 gab es die erste Radioübertragung. Auch diese Radiowellen verbreiteten sich im Raum. Sie sind zu schwach, um heute noch wahrnehmbar zu sein. Aber immerhin breiten sich alle Sendungen, ob TV oder Radio oder auch der Amateurfunk, im Weltraum mit Lichtgeschwindigkeit aus. Sie werden mit der Zeit schwächer, aber es soll ja nur ein Gedankenspiel sein, was mit Schwingungen gemeint ist. … Ein Paar sagt: „Ich liebe Dich." Wie ist also die Liebe darstellbar? Vom Mund zum Ohr kommen Schallwellen an, viel zu gering an Leistung, aber es sind Wellen. Meint das Paar es wirklich ernst, entstehen im Gehirn Gefühle, das Gehirn arbeitet, es entsteht Energie und somit Wellen.

Wenn man intensiv nachdenkt, kommt man der Sache immer näher und näher. Wenn in unserem Denken das Universum das Größte ist, was wir uns in etwa vorstellen können, dann sind wir jetzt bei Galaxien, Sonnensystemen, Sternen, Planeten, … Atomen, Strings,

Leptonen und nun sogar bei Schwingungen, wie die Liebe, Gefühle, das Denken und bei unserem eigenen Bewusstsein.

<u>Kapitel 4:</u>

Antworten von Freunden

Wir haben viele Freunde und Bekannte nach ihrer Meinung zu diesem Thema gefragt. Einige ähnliche Antworten möchten wir hier preisgeben.

*** Uwe H. Sültz dazu: Einen Sonderstatus erhält mein Vater Heinz Sültz. Warum? Weil ich der Meinung bin, dass sich Familien weiterentwickeln im Laufe der Evolution. Das hängt von vielen Faktoren zusammen, etwa der Computer, das Internet, Informationen rund um den Globus, Erkenntnisse von Forschung und Weltraum…
Und da denke ich, nichts gegen meine Eltern, ich bin froh und dankbar, dass sie Sex hatten und mich produziert haben, ich liebe sie ja auch, aber ich bin eine Weiterentwicklung. So wird es weitergehen, wenn ich an die Zukunft meiner Nachfahren denke. Unsere Nachkommen werden noch mehr erfahren und wissen.

Bereits 1980 diskutierte ich mit meinem Vater über Gott, das Woher und Wohin. Frühzeitig fand er für sich Antworten. Gott war für ihn die Natur. Gott habe die Menschen auf die Erde geschickt, damit sie leben können. Ernähren sie sich gut, so handeln sie in Gottes Sinn. Nach dem Leben und Bewusstseins eines Wesens, komme, seiner Meinung nach, nichts mehr. Heute

wissen wir, das NICHTS ist ETWAS. Die Worte sind heutzutage aber auch mit mehr Wissen und Inhalt bestückt. NICHTS war früher eben nichts weiter.

Somit hing für meinen Vater alles am JETZT, also im hier und heute. Außerdem war er der Meinung, dass es im Weltraum nicht genug Platz für alle Gegangenen geben würde. Außerirdische könnte es geben, aber eher nicht. Mein Vater war zu dem Zeitpunkt 40 Jahre. 40 Jahre später fragte ich wieder nach. Die gleichen Fragen, der gleiche Inhalt, der gleiche Sinn. Nun ist er 80 Jahre und ich 60. Über 40 Jahre suchte ich nach Erkenntnissen. Ich pendelte immer zwischen Technik und Philosophie, zwischen Leben und Tod, mein Vater blieb bei der Technik. Er ist Radio- und Fernsehtechniker Meister. Bei dem heutigen Gespräch erkannte ich, dass er eher technisch antwortete: „Wenn das Blut nicht mehr fließt, ist das Leben und das Bewusstsein für immer erloschen." Ich bewegte ihn in Richtung Albert Einsteins Aussage, dass Energie nicht verloren gehen kann. Auch nach der These, wenn man über jemanden spricht, lebt er ewig. Wir kamen zu der Übereinkunft, dass es nicht ewig ist, sondern solange, wie es Menschen geben würde. Konkret gesagt, solange es das Internet gibt, auch den Dienstleister BoD, der dieses Buch so lange anbietet und druckt, wie es ihn geben wird, werden dazu beitragen, uns unsterblich zu machen.

Mein Vater hat einen Schutzengel, das sei seine verstorbene Mutter. Seiner Meinung nach existiert sie aber nicht als Etwas, nur in seinen Gedanken. Ein weiterer Punkt: Viele Erben gehen zu Bares für Rares und veräußern Geerbtes. Mein Vater würde tatsächlich mit dem Hammer alles vernichten, wenn er Bescheid bekommen würde, nur noch wenige Monate leben zu dürfen. Auch hierbei kommt wieder das Prinzip des ewigen Lebens, wenn seine alten Röhren-Radios in ein Museum kommen würden, mit dem Schild: Geschenk von Heinz Sültz. …

Nun gut, er wird in den Jahren, nachdem ich aus dem Haus gegangen war, seinen Weg gegangen sein und dabei vielleicht einige Enttäuschungen erlebt haben. Ich habe mich seit dem 16. Lebensjahr mit dem Übergang beschäftigt und bin immer tiefer in die Materie gegangen. Immer werden ich Vaters Sohn bleiben, aber eben weiterentwickelt. Bringt mir das etwas, wenn ich an den Omegapunkt denke? Bin ich jetzt klüger als mein Vater? Ich denke nicht. Denn 1960 wusste man noch nicht, dass im Mittelpunkt unserer Milchstraße ein Schwarzes Loch ist. Man wusste nichts vom Internet, usw. … Ich will damit sagen, dass mein Vater alles ausgereizt hat, was möglich war. Dies mache ich heute und morgen die Enkel. Wir haben also alle im Hier und Jetzt gelebt und (vielleicht) das Möglichste an Denken und an Intelligenz ans Tageslicht gebracht. Treffe ich also

meinen Vater auf dem Weg zum Omegapunkt wieder, stehen wir auf einer Stufe, denn jeder hat aus seinem Leben das bestmögliche gemacht, so wie Gott es wollte.

...

Fazit: Ein Mensch, der voll und ganz in seinem Beruf und in seinem ICH aufgeht, über Jahrzehnte nicht animiert wird über bestimmte Themen zu diskutieren, geht voll und ganz in seinem Denken und Handeln des HIER und JETZT auf. Mein Vater hat seinen Weg gefunden, er ist kernig und geistig voll auf der Höhe, besser als der Durchschnitt mit 83 Jahren. Es ist sein Weg und der ist gut. Ändert er seine Haltung mit dem Museum, könnten auch noch viele Menschen von alter Technik profitieren. Ich bin mit der Compact Cassette aufgewachsen. Meine Sammlung kommt ins Museum, damit unsere Enkel wissen, wozu der Bleistift bei Bandsalat benötigt wird. Ganz egal, ob mein Vater Recht behält oder ich, als Menschen sind wir in 40 Jahren nicht mehr auf der Welt. Im Museum staunt man über Vintage. Sollte ich aber Recht behalten, sind wir ein Teil des Ganzen, ein Teil von Gott, ein Teil der Schöpfung, ein Teil von allem. Außerdem sehe ich das ganze Erdgeschehen aus einer anderen Dimension und könnte sogar ein Schutzengel werden.

Nun gibt es ja noch einen Sonderfall. Gerade jetzt, am 4.4.2022, wo bekannt wurde, dass die ukrainische

Behörde ein Massaker mit bislang 340 Tote Menschen beziffert. Nach dem vorläufigen Ende der Besetzung melden sich auch viele Frauen und Mädchen bei der Polizei und bei Hilfsorganisationen. Sie bezeugen Überfälle mit vorgehaltener Waffe und Vergewaltigungen, vor Kindern begangen, auch Bandenvergewaltigungen (es ist zum Heulen).

Ja, was passiert mit solchen Menschen, die so etwas zu verantworten oder ausgeführt haben? Laut der Bibel gibt es da das Jüngste-Gericht. Das Jüngste-Gericht (auch Endgericht, Apokalypse, Jüngster-Tag, Nacht ohne Morgen, Letztes-Gericht, Gottes-Gericht oder Weltgericht) stellt die antike bzw. alttestamentliche endzeitliche Vorstellung der abrahamitischen Religionen von einem das Weltgeschehen abschließenden göttlichen Gericht dar. Es ist als Gericht aller Lebenden und Toten eng mit der Idee der Auferstehung verknüpft und muss vom individuellen Partikulargericht über die einzelne Seele unterschieden werden. In zeitgenössischer Umgebung bzw. Nachfolge Johannes des Täufers sind alle überlieferten Reden Jesu in den historischen Kontext der endzeitlichen Erwartung und des anstehenden Gerichts eingebettet.

Matthäus berichtet in seinem Evangelium über das Jüngste-Gericht (Weltgericht). Jesus trennt hier als Richter die Gerechten von den Ungerechten: „Was ihr für einen meiner geringsten Brüder getan habt, das habt ihr mir getan." Zu den Ungerechten sagt er jedoch: „Weg von mir, ihr Verfluchten, in das ewige Feuer, das für den Teufel und seine Engel bestimmt ist!" und schließt: „Und sie werden weggehen und die ewige Strafe erhalten, die Gerechten aber das ewige Leben.")

Ich kann und will mir nicht vorstellen, dass mein ICH auf dem Weg zum Omegapunkt einen Putin oder … trifft. Meinen Opa, den ich 1976 verloren habe, auch weitere Familienmitglieder, würde ich gern treffen. Aber wohlgemerkt, der Omegapunkt ist erst an der Reihe, wenn das gesamte Universum ausgedient hat. Meinen Opa treffe ich nach meinem Übergang wieder. Das kann morgen sein, nächstes Jahr sein oder in 10 Jahren sein… das weiß nur Gott. ***

Zurück zu den Antworten unserer Freunde und Bekannten:

Person 1: „Wenn ich sterbe, bleibt nichts von mir übrig, außer einer Hand voll mit weißem Sand. Ich verteile zu Lebzeiten alles."

Person 2: „Gott ist da oben (zeigte mit dem Finger in den Himmel) im Himmel. Wenn ich einmal sterbe, dann sehe ich bestimmt meine Oma wieder. Bei ihr bin ich aufgewachsen."

Person 3: „Ich sehe den Mond und die kleinen Sterne. Dahinter kommt nichts mehr. Weiter kann ich und will ich nicht denken."

Person 4: „Ich bin verbittert. Alles, was ich aufgebaut habe, ist verloren. Andere sollen sich nicht damit amüsieren, dann haue ich vorher lieber alles kurz und klein."

Person 5: „Nichts geht von mir verloren, nur der Körper. Und der ist sowieso schon aufgebraucht. Da mein Denken Energie ist, geht sie über in eine andere Dimension."

Person 6: „Ja, ich muss irgendwann gehen, hoffentlich behalte ich mein Bewusstsein."

Person 7: „Natürlich geht es weiter, aber anders eben. Materiell kann es nichts sein, etwa mein geliebtes Auto? Was blieb von einem Ägypter übrig? Etwa sein Kamel? Und sein Sarkophag dient nur dem Geschichtsunterricht und der Wissenschaft. Nein, nichts Materielles bleibt übrig. Mein Sein soll übrig bleiben. Dort war mein

Denken, meine Liebe, ja, das soll übrigbleiben. Und dann kann ich alle anderen Wesen verstehen, über die Liebe.

Person 8: „Gott schenkte uns eine Existenz und eine gewisse Zeit zu lernen, zu leben und das Beste daraus zu machen. Wir waren unprogrammierte Seelen und kehren mit Erfahrungen und Liebe zurück."

Person 9: „Da ich an das Ewige-Leben glaube, freue ich mich, meine Frau wiederzusehen. Wenn wir dann gemeinsam im Universum verweilen, sehen wir uns in den unendlichen Weiten alles an, wie Sterne, Schwarze Löcher… entstehen. Von der Omegapunkt-Theorie habe ich gehört. Wir werden dann doch noch eine ganz schön lange Zeit im geistigen Zustand bleiben, aber das Universum ist ja schließlich groß genug, langweilig wird es nicht werden."

Person 10: „Es sollen sich ja alle Informationen des Weltalls in jeder Zelle befinden. Dies ist zumindest seit dem Urknall so, sagt man. Ob es auch für vor dem Urknall gilt? Irgendwie habe ich auch keine Angst, zu Gott zurückzugehen. Wenn man dies den Omegapunkt nennt, bin ich damit einverstanden. Und wenn es so in der Bibel steht, stimmt es sowieso. Und wie es dann danach weiter geht? Weiß der Geier!"

HOLY BIBLE
OLD AND NEW TESTAMENTS

<u>Kapitel 5:</u>

Was ist wichtig im Leben?

Seit etwa 300.000 Jahren gibt es uns Menschen (Homo sapiens, lateinisch für „verstehender, verständiger" oder „weiser, gescheiter, kluger, vernünftiger Mensch"). In jeder Zeitepoche gab es Dinge, die für jeden einzelnen, aber auch für eine Gruppe, für eine Familie, für ganze Bevölkerungen wichtig waren und sind. In der Steinzeit war es der Faustkeil, im Jahr 1000 waren es ein Schwert und ein Pferd. So ging es immer weiter, im Jahr 1500 waren es Gewürze, Gold und ein Buch. 1990 hielten es einige für wichtig, einen Ferrari zu besitzen. Im Jahr 2000 könnte es ein Computer sein. Was sagen Sie dazu? Was sind heute für Sie wichtige Dinge in Ihrem Leben? Und was waren für Ihre Eltern und Großeltern wichtige materielle Dinge? Können wir alle auch mit weniger auskommen? Hängen die materiellen Dinge vielleicht auch mit Neid und Gier zusammen?

„Der Nachbar hat sich ein neues Auto gekauft. Es hat einen 2,5 Liter Motor und fährt 245 km/h. Na, wir werden uns ja im nächsten Monat einen neuen Wagen bestellen. Der hat einen 3 Liter Motor und fährt locker 250 km/h auf der Bahn."

Füllen Sie doch einmal die Liste auf der nächsten Seite aus, was ist denn für Sie wichtig?

Fragebogen zur Selbstfindung:

Zähle auf, an welchen materiellen Dingen Du hängst:

	sehr wichtig	nicht wichtig
Haus		
Land/Grundstück		
Auto		
Motorrad		
Segelboot		
Schmuck		
Uhren		
Handy		
Computer		
TV		
Kleidung		
Accessoires		
Gold		
Diamanten		
Bargeld		

Es wird sehr schwer sein, zu sagen, dass es völlig unwichtig ist, ein eigenes Haus zu besitzen oder ein Auto. Aber wir alle müssen uns irgendwann einmal davon trennen, das ist der Gang des Lebens. Für ein paar Jahre oder Jahrzehnte können wir uns mit diesen tollen materiellen Dingen amüsieren, doch dann müssen wir alles abgeben. Wer das nicht versteht oder loslassen kann, begreift auch den Sinn des Lebens nicht. Für eine kurze Zeitspanne dürfen wir auf dieser (noch) wunderbaren Erde leben, lernen und lieben. Der Schöpfer hat es für uns so eingerichtet, er hat etwas erschafft. Ob er Neues bewerkstelligt hat, das lässt sich z.Zt. noch nicht genau klären. Denn es würde bedeuten, dass es bereits einen oder mehrere Urknalle gab. Aber das ist eine andere Geschichte, ein anderes Buch. Und so wie es der Schöpfer im Großen tat, so sollten wir es im Kleinen auf der Erde tun... etwas erschaffen. Das erworbene Grundstück, das Auto, der Schmuck, all dies werden wir mit fleißiger Arbeit erwirtschaftet haben. Erwirtschaftet mit Intelligenz, die uns der Schöpfer eben gab. Aber alles ist eben begrenzt. Genauso wie für die Schöpfung alles begrenzt ist, nämlich durch den Omegapunkt.

Was kann ich jetzt tun, um den Rest des Lebens noch so gut wie möglich zu erleben? Es kommt also so, wie es kommen wird. Wenn wir jetzt begreifen, dass wir alles wieder abgeben müssen, sollten wir uns klarmachen, dass wir loslassen müssen. Lieber

jetzt sofort noch genießen, anstatt mit Trübsal an den Tod zu denken, denn, es kommt ja sowieso.

Wer in die Liste also komplett „nicht wichtig" angekreuzt hat, hat es verstanden, er ist auf dem Weg.

Ein wichtiger Schritt ist also das Loslassen. Das ist schon einmal die halbe Miete zum eigenen ICH.

Wie sieht es nun mit meinen Erinnerungen aus? Erinnerungen waren schließlich auch in der Vergangenheit einmal das HIER und JETZT. Nur jetzt sind es eben Erinnerungen. Sind Ihre Erinnerungen gut oder eher nicht so gut? Möchten Sie sich gern erinnern oder nicht gern erinnern?

Nun, eines steht doch fest, in jedem Augenblick sollten wir alle (sollten eben) jeden Augenblick mit unserer Intelligenz erlebt haben. Das ist bei Gewalteinwirkung nicht möglich, aber ich meine auch das von uns selbst erlebte Leben. Wer also die Vergangenheit negativ erlebt hat, so wäre es falsch, aber verständlich, Rachegefühle zu haben. Können wir es trotzdem schaffen, uns von den negativen Erinnerungen zu lösen? Und was machen wir mit den positiven Erinnerungen? Und was passiert mit all den Erinnerungen nach unserem Übergang? Was blieb von den Erinnerungen der Steinzeitmenschen?

Oder den Erinnerungen der Ritter? Folglich bleibt zu sagen, zu jeder Zeit gab es das HIER und JETZT, zu jeder Zeit gab es Erinnerungen. Mein Denken ist wichtig, dass ich das HIER und JETZT erlebe, dass ich mir bewusst bin, mein ICH gefunden zu haben. Dass mir überhaupt bewusst wird, dass ich denke, ist wichtig.

WENN MEIN ICH DANN ZURÜCKKEHRT, KOMME ICH MIT ALLEN ANDEREN ICHs ZUSAMMEN, SOMIT SIND WIR ALLE EIN TEIL DES GANZEN. ALSO EIN TEIL DES SCHÖPFERS. UND TROTZDEM BIN ICH ICH. ICH EXISTIERE. Nach meinem Ableben bin ich eben programmierter Geist, dadurch, was ich alles erlebt und erlernt habe. Es ist nur das große Ganze, die Natur und der Weltraum wichtig. Wichtig ist auch, dass ich dabei bin, nicht mit meinem heutigen Körper, aber mein SEIN ist dabei. Und danach kommt der Omegapunkt.

Dieses Kapitel begann mit der Frage, was wichtig ist im Leben. Ja, und wie sieht es heute aus, am 1. April 2022? Und so schnell kann es kommen, so schnell kann sich die Priorität auf alles ändern. Heute ist das Wichtigste, dass es Frieden und eine gute Gesundheit gibt und an materiellen Gütern? Dass es noch genügend Rohstoffe gibt, bis zur Umstellung, dass es genügend Nahrungsmittel gibt, dass alles bezahlbar bleiben wird. So schnell kann sich alles ändern.

Ich kann also mit Bestimmtheit für mich nicht sagen, wie mein Übergang stattfinden wird und wann. Für mich wird es dann eine Zeit mit allen anderen Seelen sein und wir werden im Universum wie in einem Warteraum auf den Omegapunkt warten. Wenn wir also so im Universum die Zeit verbringen und spätestens im Omegapunkt alle Gedanken und Taten `öffentlich` sind, muss man jetzt zu Lebzeiten sofort damit stoppen, Negatives zu tun und zu denken. Jeglicher Schmerz, den man anderen Wesen und der Natur zufügt, muss sofort gestoppt werden. Wie peinlich sind dann manche Taten und Gedanken von uns.

Das Existieren im Omegapunkt wird also dem Leben im biblischen Himmel entsprechen. Wo existiere ich denn nun im Universum bis zum Omegapunkt? Wo ist Gott? Man sagte, er ist da oben. Wo ist oben? Vom Erdmittelpunkt aus ist oben überall. Wir sind also nach dem Übergang oben, somit überall. Gott ist oben, also überall.

Wie ist nun das Ende dieses Büchleins? Wir haben wohl schon alle verstanden, dass das Universum und eventuelle Paralleluniversen irgendwann ein Ende haben werden. Es gibt mehrere Ansichten. Hier wurde die

Theorie vom Omegapunkt erörtert. Zunächst mit 2 Kurzgeschichten, um bildlich zu verstehen, worum es geht. Dann wird kurz auf die Theorien von Teilhard de Chardin und Tipler eingegangen. Da jegliche Schwingung zum Omegapunkt kommt, Materie sowieso, mussten die Begriffe von Liebe, Gefühl, Denken und Bewusstsein erklärt werden. Wir müssen akzeptieren, dass unser Leben begrenzt ist, wir sterben werden. Wo geht es hin, bleibt mein ICH bestehen? Was denken Freunde und Bekannte? Wenn jeder dies verstanden hat, könnte dann nicht schon zu Lebzeiten ein Umdenken stattfinden? Brauche ich alles an Gütern? Was ist für mich wichtig? Wenn ich also glaube, dass mein Bewusstsein bleibt und mir bewusst ist, dass das Universum nicht ewig existiert, ist es ein kleiner Schritt daran zu glauben, dass nach dem Urknall, dem Alphapunkt, es auch einen Omegapunkt geben wird. Wenn das wiederum stimmen sollte und jedes Wesen, vor allem Gott, mein ganzes Leben kennt, ist es am besten, wenn wir alle sofort damit beginnen, nur noch positive Gedanken und Taten zu tätigen. Nur noch in Frieden zu leben, diesen wunderbaren Planeten zu retten und es ehrlich allen anderen gegenüber zu sein, das muss das Ziel sein.

Danke an:

In diesem Zusammenhang, dass alle Verstorbenen, sowie alle Lebenden, alles wissen, bedanke ich mich bei meinen Eltern, Sigrid und Heinz Sültz, dass ich existiere… bei Dr. Jutta Sültz für den Feinschliff an mir… bei Pastor Pietron (†), mit dem ich oft über Gott sprach und wo Gott wohnt… bei Wilhelm Vahland, Stud.Dir., der mich das Omega, also den elektrischen Widerstand, und die Elektronik bei der Ausbildung lehrte, bei Dr. Paul Lohmann, der sich lange Zeit um meine Gesundheit gekümmert hat, bei Hartmuth Lange (†), Autor und Journalist, Holger Wertelewski(†), Wolfgang Sültz, Cousin, Josefh Wardenga (†), Besucher während meines Komas, Renate Gertrud Wardenga, Wegbegleiterin bis zum irdischen Übergang und darüber hinaus, Hans-Jürgen Hotze, genannt Onkel Toni, er lehrte mich das Krawattenbinden und war Vorbild auf dem Weg vom Kind zum Mann, sowie bei Freunden, mit denen über das WOHER/WOHIN diskutiert wurde: Wolfgang Koli Kolrep, Helga Schemberg, Kommissar Hans Schemberg. Ganz besonders bedanke ich mich bei Elisabeth Hotze(†), meine Oma ruhte in sich und zeigt mir heute, wie schön diese Ruhe und der Frieden sind.

Heute ist der 7. April 2022. Seit dem 24. Februar greift Russland ununterbrochen die Ukraine an. Es sind sehr viele Tote zu beklagen. Unsere Gefühle und Gedanken sind bei allen Ukrainern. An Herrn Putin: „Sie waren doch auch einmal ein Kind, heute werden Kinder durch Ihre Macht getötet. Denken Sie doch einmal an Ihren Übergang, es könnte sehr, sehr finster werden."